@林小仙

林小仙 著
呜 哦 绘

无所谓，没必要，不至于

中国妇女出版社

图书在版编目（CIP）数据

无所谓，没必要，不至于 / 林小仙著 ；鸣哦绘．
北京 ：中国妇女出版社，2025．5．-- ISBN 978-7-5127-2483-9
Ⅰ．B84-49
中国国家版本馆CIP数据核字第2025PL8204号

选题策划：悦风文化
责任编辑：丁　鼎
封面设计：六毛朵朵
责任印制：李志国

出版发行：中国妇女出版社
地　　址：北京市东城区史家胡同甲24号　　邮政编码：100010
电　　话：（010）65133160（发行部）　　65133161（邮购）
网　　址：www.womenbooks.cn
邮　　箱：zgfncbs@womenbooks.cn
法律顾问：北京市道可特律师事务所
经　　销：各地新华书店
印　　刷：吉林省吉广国际广告股份有限公司

开　　本：130mm × 185mm　1/32
印　　张：8
字　　数：100千字
版　　次：2025年5月第1版　　2025年5月第1次印刷
定　　价：59.00元

前言

年轻人，
哪有不偶尔“发疯”的？

在家里，
睁开眼睛是父母养老、房贷、车贷，
闭上眼睛是学习工作、前途、感情。

在人群中，
卷又卷不赢，躺又躺不平。

在社交中，
很多事情不喜欢，但不得不照做；
很多结论不认同，但不得不点头。

似乎人生就像是在执行一个标准程序，到了什么年纪就该做什么事。可每翻一个人生的山头，你就发现还有一堆更难的任务在等着自己。

似乎每个人都在告诉你，明天还有很多问题在等着你。而你的现状却是，今天还有很多问题都没有解决。

结果是，在无数个瞬间你都感觉自己快绷不住了。你不想情绪稳定，不想听话，不想跟别人一样，不想假装认同，不想当好人，只想告诉这个谁和那个谁："很高兴不认识你，谢谢你不喜欢我！"

是的，在发光和发热之余，偶尔也要"发疯"！只要你先主动"发疯"，生活就没办法再把你逼疯。

压力也好，不满也好，不公平的待遇也好，被误解也好，内心积攒的情绪一旦有了发泄的出口，人就不至于崩溃掉。所以，在某些恶意的攻击、不喜欢的人和偶尔颠簸的命运面前，你最好有一种强悍的心态：无所谓，没必要，不至于。

所以，在某些“快碎了”的瞬间，你最好能够尊重自己的真实感受：搞砸了的时候要允许自己慌张失措，努力没结果的时候要允许自己唉声叹气，走错路的时候要允许自己大声宣泄，伤心难过的时候要允许自己痛哭流涕，得意的时候要允许自己笑出声来。

面对成年人世界的诸多无奈和现实生活的百般蹂躏，“发疯”是解决精神问题的一剂良药。

实际上，“发疯”只是一种“有节制的宣泄”，只是一次“痛快淋漓的表达”，只是一场“做回婴儿的任性”，只是一种“破罐子破摔的放松”。

我们讲那么多逻辑不通的“疯话”，开那么多不怕人笑话的玩笑，让自己看起来像个莽撞的小屁孩或者疯癫的小丑，实际上，我们只是不想让棱角分明的自己被这个世界彻底地拿捏，只是不想鲜活沸腾的灵魂被鸡零狗碎的生活完全地淹没，只是不想让这个世界对我们完全得手。

生活到处都是条条框框，犯规就犯规吧，大不了吐吐舌头。
世界到处都是透明的南墙，撞就撞吧，大不了两败俱伤。

最后，
祝所有打破规则的人、拒绝人云亦云的人、
唱反调的人和“惹事精”们一切顺利。
祝所有敢坚持不同观点的人、敢活得和他人不一样的人、
敢说出真心话的人和“讨厌鬼”们一切顺利。

这个世界终究是
癫成了我喜欢的样子。

No.1

不好意思，忘记回你信息了，
刚刚在玩手机。

No.1

你的双眼皮在哪儿割的?

看到有些人就翻白眼，练出来的。

No.2

为什么说年轻人要舍得给自己的头发花钱?

你想想，它们能陪你几年？

—

待在关了灯的房间，就像猫一样静坐。

—

换一个学生时代的发型。

—

突然优雅地转个圈，
觉得不错，就再转一个。

—

抱一棵树，
然后唱《花儿为什么这样红》。

—

跟自己家的小猫或者小狗玩顶牛。

看开一点儿！

—

让左右眼球离得最远，
然后提醒自己：“看开一点儿。”

活着活着，就活明白了，
跟任何人较劲
都是消耗自己。

睡前原谅一切，醒后重计前嫌。

No.2

虽然是我错了，但如果你不原谅我，
那就是你的不对。

No.3

不要慌，不要慌，
姐妹见面就是快乐的偏方。

保持快乐的三大秘诀

① 无所谓；

② 没必要；

③ 不至于。

没人扶你的时候，就自己站直；路还长，背影要美。

No.3

你是如何走出人生的阴霾的？

多走几步。

No.4

你是怎么当上将军夫人的？

在他还是士兵的时候嫁给他。

No.4

跟我混吧，有我一口饭吃，
就有你一个碗刷。

No.5

好累呀，
放个屁放松一下吧。

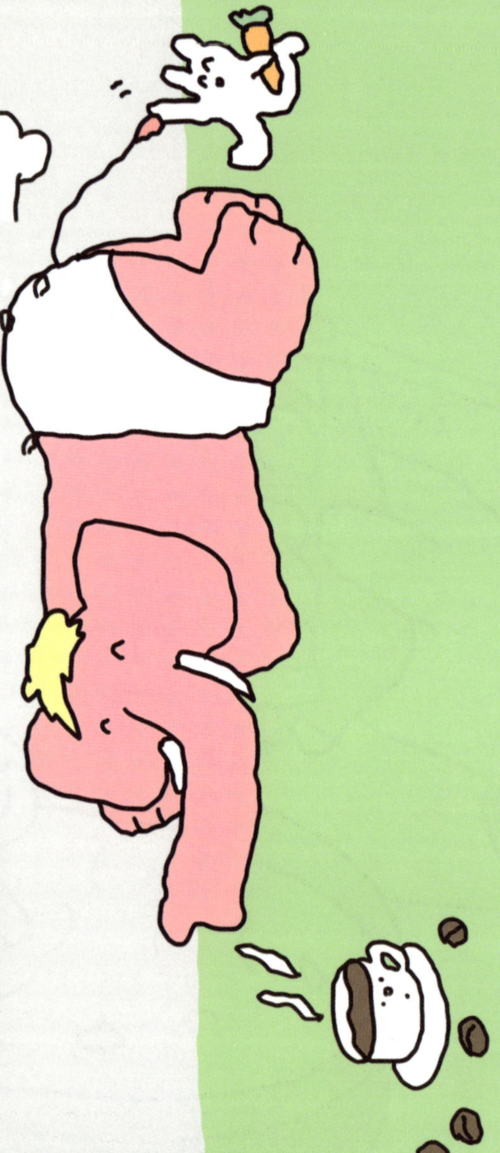

—

故意把衣服前后穿反，或者里外穿反，

然后跟爷爷说："这是最新的潮流。"

—

对着镜子练习说

"啊对对对对对"，同时翻白眼。

—

模仿 3 岁的小朋友下床。

—

下雨天出去跑一圈，
争取把裤腿打湿。

No.6

世界上本没有男朋友，有的人多了，
我妈觉得我也应该有。

No.5

为什么猩猩停止了进化？

因为它知道，
再进化就要上班了。

No.6

你知道怎么除掉敌人的眼线吗？

用卸妆水。

No.7

我不能保证每个颜值出众的人都喜欢我，
但我能保证喜欢每一个颜值出众的人。

No.7

昨天请了病假，
但微信步数超过了 2 万步，
该怎么跟老板解释？

就说在江湖上四处求医。

”

No.8

甲方的甲方算什么？

爸爸的爸爸是爷爷。

No.8

像我这么单纯的人，
如此有心机的数学题，我当然做不出来啊。

No.9

感谢大家一年以来对无理取闹的我的包容和陪伴，
都是大家“应该做的”，谢谢。

1.

过分好看也是违法的，
像你美成这样，
难道就没人管一管吗？

2.

“哟，差 10 秒就迟到了，
你来得真准时。”
“昨天有人跟我说，
这个时间来会遇到贵人，
这不是刚好碰见您了吗？”

3.

“什么时候才能吃上你的喜酒呀？”
“有您的关心，就是喜事一件！”

4.

你好，

请出示一下"下凡证书"。

No. 10

越来越不爱说话了，
最近打算报个手语班。

—

吃好吃的，

一定要拍美照发朋友圈：

“苦了谁也不能苦了我这樱桃小嘴。”

—

把最近觉得遗憾的事情写在纸上，

然后折成纸飞机，哈口气飞走。

—

挪一下家具的位置，让房间焕然一新。

—

给自己的鞋子讲一个冷笑话。

—

来杯咖啡。

既然生活不好拿捏，那就拿铁。

No.9

为什么年轻人都喜欢宅？

因为家是唯一一个可以丑得很舒服的地方。

No.10

如果你每天早起 15 分钟，
一年就比原先多了 91.25 个小时。
这些时间可以拿来做你喜欢的事情，是不是很吸引人？
那你想一下，
自己最喜欢的事情是什么？

睡觉。

No.11

没有什么困难是战胜不了我的。

"要迟到了，快跑起来。"

"正义会迟到，
为什么上班不能？"

人生就是尽量装没事。

No.12

每天多睡一分钟，早八路上练轻功。

No.11

为什么开了空调就不会有蚊子？

因为饭菜冷了就不好吃了。

No.12

他给我朋友圈点赞了，说明什么？

说明你对他有意思。

No.13

交对了损友，
愚人节每天都过。

有什么事直接说，
不要问我在不在，
不出意外的话，
近几十年都在的。

哦！

No.13

你靠颜值得到过什么？

不被人打扰的学习时光。

No.14

如果吃火锅只能点三种食物，你会选什么？

肉类拼盘，海鲜拼盘，蔬菜拼盘。

No.14

人还是要多出去工作的，
不然根本就不知道在家里躺着有多舒服。

“顺风又顺水。”

—

上班多喝水，每喝一口就念一遍：

“顺风又顺水。”

—

用非惯用手写“莫挨老子”四个大字。

—

假装空房间里坐满了人，
清清嗓子发表一段获奖感言。
又或者想象自己是晚会节目主持人，
然后一个人表演 N 个节目。

—

在脸上涂乱七八糟的颜色，然后发朋友圈说：
“给这个世界一点儿颜色瞧瞧。”

—

养一盆绿植，
用自己的姓氏给它取个大名，
然后每天跟它说“早安”和“晚安”。

No.15

今天想早点回家，
家里的蚊子都饿一天了。

No.16

之前也考虑过劳斯莱斯和法拉利，
但最后还是选择了公交和地铁，
毕竟，人多热闹。

No.15

如果你蹲下再站起来时，
听到膝盖发出声响，
那说明什么？

说明你听力挺正常的。

No.16

如何委婉地提醒朋友有口臭？

你刚刚说什么？
太臭了，我没听清。

No.17

一天天的，就知道下雨，
有本事下钱啊！

命运指引你去哪里，
你就大大方方地去，
理直气壮地去。

假如走错了，就认了，
不要困在当时的选择里耿耿于怀，
毕竟当时的自己也不容易。

No. 18

只要我吃得圆，
就没人把我看扁。

No.17

偷用妈妈的口红，不小心弄断了怎么办？

家里有洗洁精吗？挤一些出来，涂在耳朵上，
然后主动承认错误。
这样的话，妈妈揪你耳朵的时候，
就会滑溜溜的，使不上力。

No.18

为什么现在的年轻人一难过就想回家种田呢？

因为水稻不会半夜 12 点打电话给我，
说它明天想结杧果。

—

和家里的老人合影，
给他们录短视频。

—

把不用的衣服、鞋子、书打包好，
捐给需要的人。

—

对着镜子做鬼脸。

—

四仰八叉地躺在草地上晒太阳。

—

看小时候喜欢的动画片，
像小时候那样模仿或者站起来呐喊。

No.19

总感觉夏天洗澡，
是在帮蚊子洗菜。

No. 20

路由器坏了，找欧阳“修”；
欧阳“修”不好的话，就找王之“换”。

No.19

为什么每条隧道的上面都有一座山呢？

不会做，这题超纲了。

No.20

什么样的男生，
一看就知道没谈过恋爱？

我在饭馆见到一个男生给女生讲驱逐舰。

5.
我的命都没有你的腿长。
本人

6.
长这么好看，
能不能出一下基因序列，
我好参考一下。
美！

7.
能不能教教我，
你是怎么自带仙女滤镜的？
选择
仙女滤镜

8.

你是在女娲那儿
充了 VIP 吗？

9.
拍的什么玩意儿？
竟然没有一张不好看。

10.

说星星好看的人，
一定没见过你的眼睛。

随机抽一个人，

不送东西，纯抽。

随便吧，今天随机讨厌所有的人。

No.21

求生活善待二旬老人。

No.22

当一天和尚撞一天钟，
上一天破班发一天疯。

No.21

从小近视是种怎样的体验?

没戴眼镜，不知道你在问什么。

No.22

假如有来生，你想成为什么?

1. 家养小猫咪：
装腔作势五分钟，荣华富贵十五年。
2. 校园流浪猫：
光明正大地蹭吃蹭喝，被所有人喜爱。
3. 自由的海鸥：
去码头整点薯条。
4. 峨眉山猴子：
没事就打路人耳刮子。

No.23

我爱吃羊肉串，而且经验丰富，
甚至能从肉质判断这只羊的岁数。
今天这只羊，年龄与我相仿，都意气风发，任人宰割。

世上本没有路，
乱走的人多了，
搞得我不知该怎么走了。

不论什么选择，摆在我面前的，
除了正确选择和错误选择，
还有我喜欢的选择。

No.24

有事你说话，
大事帮不了，小事不爱帮。

No.23

学小提琴最难的是什么？

应该是邻居。

No.24

分手后，
提分手和被提分手的人谁最难过？

最难过的应该是整天听你抱怨的那个朋友。

—

把脚埋在沙滩上，假装自己是棵椰子树。

—

买一个大气球，牵着它招摇过市。

—

放风筝，想象它是天上的鱼。

—

学钓鱼，想象上钩的鱼是水里的风筝。

—

偷吃妈妈刚做好的菜。

No.25

这一生敢爱敢恨，
唯独不敢上秤。

No.26

不考虑物种的话，
我还是想跟床结婚。

No.25

为什么那些激励人心的话对我没有用？

被命运扼住咽喉的时候，
是喝不进半口鸡汤的。

No.26

你就这样天天躺着等钱来吗？

有时候也坐着。

“我身上凭什么要
装满你的优点？
我不累吗？”

不要成为“除了工作”什么都没有的人。

No.27

我的假期没有了，
你的给我，好吗？

No.27

有哪些可以令人清醒的句子？

你多学一样本事，
就少说一句求人的话。

No.28

男生对自己的身高有多执着？

警察赶到命案现场，根据现场情况推测，
凶手的身高应该在 1 米 8 左右。
此时，旁边的垃圾桶里传来一个声音：
“是 1 米 83。”

No.28

要是熬夜掉的是腿毛就好了！

No.29

哎呀，糟糕，
我的密集恐惧症犯了，
大概是接触到了心眼多的人。

No.29

有什么关于护肤的特别心得？

在脸上砸了那么多的护肤品，
结果是，
身体上的任何一块皮肤都比脸上的好。

No.30

为什么不应季的果蔬不好吃？

就像没有人会在加班时间摆出好脸色一样。

No.30

我现在经常出现的一种状态就是没电了，
无所谓，爱谁谁。别烦我，不在营业时间，
我打烊了。

—

早起去公园看老人家遛弯、打太极、逗鸟。

—

给陌生人写一封信，
塞进玻璃瓶里，扔进江河湖海中。

—

穿上雨靴，不穿也行，去水坑里乱蹦。

—

给朋友发一张对方的糗照。

—

在雪地里打滚。

11.

人美头发长，
一看就是老板娘；
人帅又有爱，
一看就能富三代。

你到底怎么回事啊，

下凡都不提前说一声吗？

13.

都是第一次做人，
凭什么你这么好看？

14.

要是我有你这个颜值，
我出门都横着走。

15.

谁的童话书没合好，
让公主跑出来了。

No.31

排泄系统就是我的护身符，
每当妈妈跟我唠叨人生大事的时候，
我只需说一句“哎呀，想上厕所”，
就能全身而退。

没回消息就是在放牛，再吵我就让牛拱你！

No.32

我是难伺候的小雪糕，
不讲情面，没有礼貌，
随时在准备化掉。

No.31

爸妈不同意你养狗，
但养了之后，
他们比你还要爱狗是一种什么样的体验？

他们就像意外地找到了亲生儿子。

No.32

开学了，你有什么想跟学弟学妹说的？

麻烦下学期开学的时候，
学妹的行李箱里少装一点儿东西，
学长只是想认识一下你，
不想把命搭在楼梯上。

No.33

正式确诊为“饺子座”，
因为太爱吃醋了。

No.34

我不回消息很正常啊，
哪个捡破烂儿的不忙。

No.33

你对自由的理解是什么?

说“不”的能力。

No.34

前半生与后半生的分界线在哪里?

此时此刻。

No.35

你看星期一的那个“一”，
像不像我此时此刻的心电图？

–

雨后去摇树干，
让叶子上的水滴哗啦啦地掉下来。

–

学小狗的样子吃饭、喝水。

–

大清早去户外，
任由露水打湿鞋子和衣服。

–

排在小朋友的后面，
等待棉花糖和气球。

–

跟着电视剧或电影里的人念台词。

会哄自己开心，不内耗，
是这个时代最稀缺的品质，
没有之一。

一定要把快乐塞得满满当当的。
这样，当你蹦蹦跶跶的时候，
就会把快乐撒得到处都是。

No.36

个人爱好的话，我特别喜欢小动物，
比如炸鸡、水煮鱼、烤鸭。

No.35

为什么大家都喜欢拍晚霞？

因为快下班了吧。

No.36

人际关系中最伤人的五个字是什么？

你全吃了啊？

No.37

抛个硬币决定吧，
如果摔碎了，
今晚就不吃晚饭了。

No.38

别着急拒绝我，
你喜欢的样子，我都能 PS。

No.37

你看过关于理发店最有共鸣的评价是什么？

位置挺好的，剪完出门，
直接就能跳河。

No.38

剪了短发之后，
你听到的最委婉的评价是什么？

剪完给人一种打乒乓球很厉害的感觉。

No. 39

下班了，今天的苦就吃到这里。

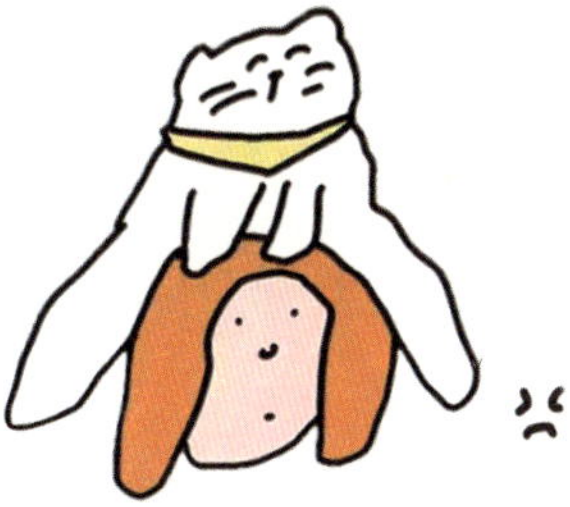

人气不行，但气人还行。

不要责怪自己，有什么事就怪天气。

No.39

假如在饭桌上遇到了你讨厌的人，
你会默默地祝福他什么呢？

祝你最后一口吃到一大块生姜。

No.40

节约和小气的区别是什么？

长得难看的说“太贵了，我们先看看有没有团购吧”，
这就是小气。
长得好看的说“太贵了，我们先看看有没有团购吧”，
这就是节约。

我对工作绝对是100%的投入。
周一7%，周二33%，周三38%，
周四19%，周五3%。

No.40

16.

真是麻雀吃草莓

——雀食美（确实美）！

17.

你再不回去，迪士尼就要没公主了。

我就知道，

大家闺秀是长成你这样的。

19.

如果人类也有尾巴的话，
我看见你肯定会摇起来。

可以和你拍一张合照吗？

我想向我的朋友证明这个世界上真的有天使。

目前的状态是，
自我感觉良好，体重没有减轻，
对未来充满希望，
天气很好，钱几乎没有。

—

单曲循环一首你喜欢的儿歌，
然后玩荡秋千。

—

戴着幼稚的面具出门。

—

穿两个颜色的袜子，
两只脚穿不同款式的鞋子。

—

去湖边打水漂。

—

念一句咒语，突然定住，
保持 10 秒钟一动不动。

No.41

有人讨厌我，我也要马上讨厌他。
礼尚往来，双向奔赴。

No.42

我也想一了百了，
但是我了不起。

No.41

英语中有没有类似“呵呵”的用法？

interesting！

No.42

一杯全糖珍珠奶茶等于
五杯拿铁、六罐可乐、三包薯条、三碗饭，
这说明了什么？

说明这也太划算了吧。

天生我材必有用，
但我不是天生的，
我是我妈生的，
我没用很正常。

一般来说，“你已经很棒了”，
意思是“你这次的表现不怎么样”。

No.43

建议严查晚上 10 点之后的空气，
我怀疑有人在里面加了健胃消食片。

No.44

好久没有联系了，
最近怎么样，大小便正常吗？

No.43

人类到底有多双标？

别人不回消息，
你心里想：“你最好还活着。”
自己不回别人消息，
心里想：“难道我没有自己的事要做吗？”

专家说：“每天熬夜、吃高热量食品，或有很大概率猝死。”
你心里想：“不可能是我。”
专家说：“每 302575350 个人买彩票，才有 1 个人中大奖。”
你心里想：“说不定就是我。”

No.44

有什么保持年轻的好方法？

多吃蔬菜，勤运动，谎报年龄。

No.45

我有什么缺点你尽管说，
我放大给你看。

—

我这种人，生来就是干大事的：
睡大觉、吃大餐、行大运。

—

大热天吃凉凉的布丁，
然后逢人就说："夏天吃布丁，蚊子就不叮。"

—

学习吹口哨，天热的时候，吹口哨的话，风就来了。

—

跟小朋友一起排队玩滑梯，玩跷跷板，玩旋转木马。

—

看到镜子就照一照，
尤其是理发店、商场里的镜子和视频通话时的前置摄像头。

No.46

有趣的灵魂 + 美丽的外表 = 不要脸的我。

No.45

你打球受过最严重的一次伤是什么？

看着对手的对象喂他喝水。

No.46

如何成为一个别人眼中的读书人？

先打开手机，再打开一本书，
拍一张照片，上传至微博、微信朋友圈。
好了，
一个崭新的知识分子就诞生了。

No.47

作为一个过来人，
我给年轻人的建议就是：
别过来。

No.48

头晕晕的，
感觉是缺"维生素 KFC"。

No.47

哪个瞬间让你感觉到人与人的气质是有差距的？

看见网红户外野餐很美好，
就跟朋友一起去野餐，
刚把野餐布铺好，东西放上，
一个大爷就来问我："西红柿多少钱一斤？"

No.48

哪个瞬间让你觉得爸妈还是很爱自己的？

给表妹辅导三年级数学的时候，
突然意识到爸妈以前打我的时候有多克制。

No.49

没出息也没关系，
还有气息就很了不起。

这个世界应该是有趣的，
不然，我也不会整天都想着玩。

我办事儿，你就闹心吧，
就没有我能办好的事儿。
说白了，这事儿你交给我，
就算你白说了。

No.50

爱过，痛过，伤过，恨过，就是没瘦过。

No.49

到底什么叫“轻奢”啊？

通俗的说法就是穷讲究。

No.50

父母对你说过什么话，
让你觉得他们对你完全不了解？

妈妈总是提醒我“在外面不要露富”，
她要是真的了解我的经济情况，
只会劝我“不要犯法”。

21.

你的声音真好听，
是吃 CD 长大的吗？

22.

你长得真可爱，
是吃可爱长大的吧。

今天是九宫格装不下地好看呀！

24.

修图技术再好好练练吧，
根本没有你本人好看。

25.

请问你是混血儿吗？
美女混仙女的那种。

—

切西瓜之前，先跟西瓜道个歉，
然后再三向它保证：
绝不差评，绝不浪费，绝不乱扔西瓜皮。

—

像中枪了一样倒在床上。
像我们这种一有点时间就往床上躺的人能坏到哪儿去？

—

觉得没吃饱就再来一碗，勇敢的人会被奖励新的开始。

—

在 KTV 当一次麦霸，如果有人抢你的麦克风，
你就对他说：
“我一会儿告诉你妈妈，说你欺负我。”

—

随手画一幅简笔画。

No.51

实在不想做的事情，
那就先拖着吧。
拖着拖着，就可能不用做了，
哈哈哈。

不要再给我推冈仁波齐了。

我高反！

我要上班！

我要赚钱！

怕就怕，以你现在的收入，

那远山呼唤你，

你也只能假装听不见。

No.52

吃饭了吗？
看看我是不是你的菜。

No.51

“一鼓作气，再而衰，三而竭”的意思是什么？

没有人在周四还上得动班。

No.52

如何判断一个男孩子将来会不会惹女孩子生气？

首先，伸出一根手指，
然后，趁对方不注意时放到他鼻子下面。
如果他呼吸了，
那他肯定会惹女孩子生气。

No.53

最近总是失眠，
每 16 小时醒一次。

No.53

哪个瞬间让你觉得
“就这么一直下去该多好”？

ATM 机吐钞的时候。

No.54

长得很老是一种什么体验？

这位家长，看孩子的话，请到这边登记。

No.54

万能的朋友圈，
有没有懂汽车修理的？
帮我看一看，
我是不是备胎。

No.55

好想过上那种浪费时间
也毫无负罪感的生活啊！

—

穿一次汉服，

假装自己是穿越来的。

—

录一段关于当前生活的视频，

再配上最喜欢的音乐。

—

喂流浪猫，

并提醒它明天的天气。

—

露营，看星空，

想象一会儿会有外星人来接自己离开地球。

—

翻出小时候的照片，

打印出来。

No.56

有钱有爱，自由自在。

No.55

如何在微信群中被人刮目相看？

第一步，突然在群里说：
“所以强核力所赋予物质的质量和由希格斯场阐释的部分是相互独立的，对吧？”
第二步，接着说：“不好意思，发错群了。”

No.56

如何理解“我们无法拉伸生命的长度，但是我们可以拓展生命的宽度”？

虽然我们无法再长高了，
但是我们还可以继续长胖。

No.57

困！

开始理解公鸡了，
我早起也想大声尖叫。

No.58

让我好好吃饭，
然后都喜欢瘦的，
是吧？

活在自己的频道里，

合群不如合自己。

No.57

你为家乡做过什么贡献？

我离开了家乡。

No.58

哪个瞬间让你突然明白男朋友也挺可怜的？

被我妈翻旧账。

No.59

人类最无聊的脑活动之一：
思考别人怎么看自己。

No.60

这么久不回我消息，
你在跟谁聊天？忙不过来的话，
你把他推给我，我跟他聊，
我打字快。

No.59

如何在一分钟内了解自己所有的缺点?

对女朋友说:“你是不是又长胖了? ”

No.60

我长得这么帅,
为什么别人就看不出来呢?

咱们不妨大胆地假设,
你长得并不帅。

欢迎收看随便一张都是头像系列。

27.

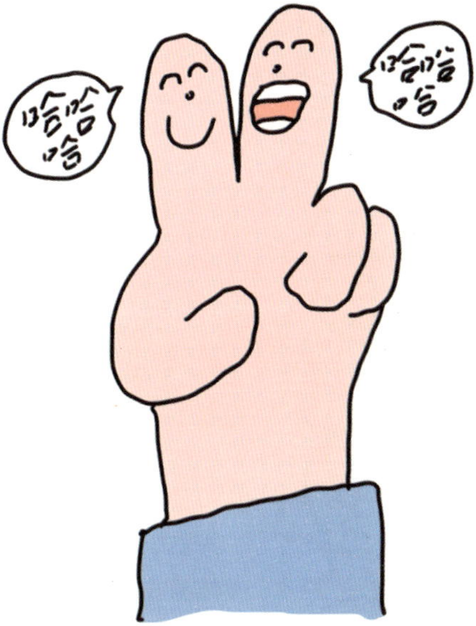

你真是个宝藏，每次和你聊天，
我都能捡到一箩筐的快乐！

我就纳闷了，
你身上有这么多优点，
不累吗？

—

奖励自己一件心仪已久却一直没有买的东西。

—

买一套拼图或者乐高，
心里烦的时候就静下心去拼装。

—

和朋友去电玩城打游戏，
谁输了谁请客吃冰激凌。

—

准备一个开心罐，
把日常开心的小事写下来，存进罐子里。

—

制作时间胶囊，
比如年初计划，等年底打开看。

No.61

有些朋友被我拉黑了，不要急着解释，
我不是不同意你的哪个观点，
我只是单纯地不喜欢你这个人。

建议你，
不要建议我。

人会因为嘴硬失去很多东西，
也会因为心软受很多委屈。

No.62

我这个人很好相处，
处不好自己找原因。

No.61

安全感是什么？

就是在上学快迟到的时候，
在路上碰到同班同学。

No.62

对待人生的困难，你有什么制胜法宝？

主要靠两句话：
一是“我服了”，二是“算了”。

No.63

别把我放心里，

我讨厌人多的地方。

No.64

早餐挺好吃的，
就是有点儿早。

No.63

有史以来最伟大的虚拟人物是谁？

别人家的孩子。

No.64

这辈子说过最后悔的话是什么？

你觉得怎么好看就怎么剪吧。

No.65

你会喜欢我吗？
不会赶紧学。

—

当一天小朋友，
按照小时候的作息起床，
然后玩游戏。

—

给自己设计一场仪式感满满的生日会。

—

寻找一些漂亮的昆虫或者叶子做标本。

—

请朋友吃路边摊。

—

拍晚霞，
拍晚霞满天时的小狗。

No.66

糟糕的是天气，是生活，是情绪，不是我。

No.65

经常吃油炸食品脸上会出现什么？

笑容。

No.66

如果我揍了自己一拳，觉得很痛，
这样我算强壮，还是虚弱？

这样算白痴。

No.67

头好痒啊，
不会是要长脑子了吧？

No.68

真的很喜欢做题，
有种“智力障碍”的感觉；
真的很喜欢早起，
有种“魂飞魄散”的感觉。

No.67

为什么有的人说“不想谈恋爱”，但很快有了恋人？

一般来说，
说“不想谈恋爱”的时候，
“和你”两个字是不发音的。

No.68

大晚上想吃炸鸡，找什么理由合适呢？

我妈把我生下来，是让我减肥的吗？
我妈看到我减肥，她不心疼啊？
我真的太自私了，
因为旁人的看法，竟然忽视了最爱我的人。
今天这个炸鸡，我必须吃，
但不是为自己吃的，是为我妈吃的。

忍不住感叹：

❤ 喜欢我的人

真是太有品位了。

有没有一种可能是：

不谈恋爱是因为我命好？

No.69

你不是真正的快乐，
但我是。

No.70

夏天这么长，

一定要找个会挑西瓜的人在一起。

No.69

有什么东西在高考完就逐渐消失了？

脑子。

No.70

最近长胖了，如何往好处想？

大腿越粗，能放在上面的零食就越多。

—
去 KFC 点儿童套餐。

—
给最喜欢的食物写一封情书。

—
去收藏很久的宝藏小店吃东西。

—
去迪士尼穿公主裙。

—
自己和面，做手擀面。

出道吧，
我带着七大姑八大姨做你的后援团。

30.

你的幽默感要是做成疫苗，

肯定能消灭全世界的“不开心”病毒。

31.

你以为自己长得很好看吗？
没错，
我也是这么认为的。

32.

不用见日月，
你就是星辰。

33.

不要淋到雨啦，
不然你会可爱到发芽。

发呆，
是我对抗世界的法宝。

没好处的事，宁可输了也别赢。

No.71

冰冻三尺非一日之寒，
长胖三斤却一点不难。

No.72

如果体重也能满100减20就好了。

No.71

有哪些一个人玩的推理性很强的游戏？

我刚才想干什么来着？

No.72

吵架之后，
如何判断对方是不是真的想离家出走？

如果只收拾衣服，就不是真的要走。
如果收拾了充电器，那是真的要走。

No.73

我是一颗卷心菜，
有卷死别人的心，
但我菜。

语言早就通货膨胀了，
"爱你"只是"谢谢你"的意思。

永远喜欢简单又真诚的人，
我的爱从不和差点意思的人周旋。

No.74

刚撞到头失忆了，
请问一下哪个是我男朋友？
我这么好看，不可能是单身吧！

No.73

腿长和腿短有什么区别呢?

腿长的人走路声音是: kua-kua-kua。

腿短的人走路声音是: diudiudiudiudiudiudiudiu。

No.74

你对山西人的印象是什么?

他们吃醋的时候，都会放点儿面条。

No.75

图片仅供参考，
实物以本人为准。

—

割草机工作之后，去闻草香。

—

在公园里找蚂蚁，尾随它回家。

—

大声尖叫，

不管是看见大海、大山，还是看见大虫子。

—

挑一个休息日去玩娃娃机，争取抓到一车子的娃娃。

—

学习狗爬式泳姿。

No.75

如何让这个世界变得更美好？

把你自己变得更美好。

No76

如何通俗又到位地解释
“眼见不一定为实”？

你以为那是一个跑步机，
但其实它是个晾衣架。

No.76

我来考考你的数学，

请问你的电话号码是多少？

No.77

我在熬夜，熟了叫你。

永远年轻，
永远说话难听，
永远吃软不吃硬。

有些话自己说出来太刻薄，
转发就显得刚刚好。

No.78

今年不想过了，
麻烦退我一岁，
谢谢。

No.77

如何逼疯强迫症?

这还不简……

No.78

为什么减肥那么难?

因为大部分人减肥都是:
早上清粥拌咸菜,
中午海带拌豆芽,
晚上一头牛拌一头猪。

No.79

原来女孩子可以有男朋友啊，
我从来没有，
我还以为犯法呢。

No.80

你别生气了好不好，
实在不行，咱俩找个没人的地方，
你给我磕几个头。

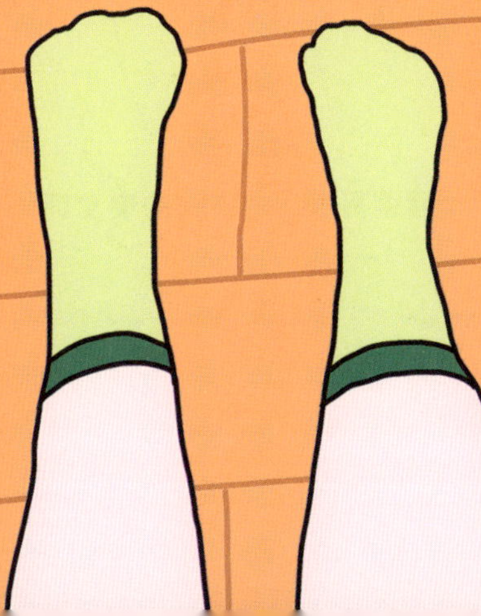

我觉得世界上所有褒义词都适合你！

气质非凡

才思敏捷

过目不忘 蕙质兰心 开朗 善良

谈吐不凡

继续写下适合自己的褒义词

No.79

为什么存钱那么难?

每当你思考“要不要买这个东西”的时候,
大脑说:“不要。”
钱包说:“用不上。”
朋友说:“不划算。”
你的决定是:“买。”

No.80

你有多久没谈恋爱了?

哪有聊天一上来就问年龄的。

34.

有人说你不好看，
我二话不说给他买了只导盲犬。

35.

叮咚，

你有新的爱意请查收。

“你的名字真好听。”

“被你念出来好像更好听了。”

37.

“你真漂亮。”

“奇怪了，长得好看的人都这么说我。”

38.

“你人真好。”

“可能也是越好的人越容易感受到别人的好。”

—

挠狗狗的肚皮和下巴。

—

祝福正在拍婚纱照的陌生人。

—

换一个儿童款的手链或者手机壳。

—

给喜欢的动漫角色 DIY 一个生日蛋糕。

—

设定人生目标：芳龄富婆。

No.81

声明：

本人没有被困难打倒，本人是主动倒下的。

No.82

如果你的前女友和现女友同时掉进水里，
那我可以离你这个扫把星远点吗？

No.81

做哪些事情可以提升生活品质？

定期扔东西。

No.82

工作之后你最困惑的事情是什么？

我的钱呢？
我每天忙活成这样，
我的钱呢？

尽我所能，
敬我所不能。

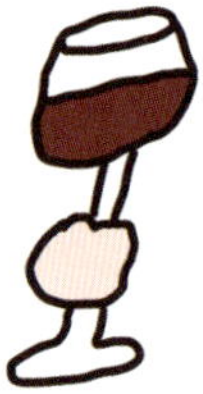

在无法预料的未来里平平安安。

No.83

喜欢我的人扣 1，不喜欢我的人
扣工资，扣生活费，扣奖金，过年没有压岁钱。

No.84

我洗了头，掉了不少头发，
但我并不伤心，因为我至少还有头，
而我的头却什么也没有。

No.83

上班的时候，你一般是什么状态?

我经常幻想自己是一只八爪鱼，
这样就能同时干八件事。

No.84

你见过最令人惊艳的简历是什么样的?

算命的说我的八字旺公司、旺领导。

No.85

早上好啊，
又去上你那个不赚钱的班啊？

—

像小时候那样，
拉着妈妈去逛玩具店。

—

去动物园看动物，
模仿每一种动物。

—

走一次玻璃栈道，
坐一次摩天轮。

—

送自己一朵小花。

—

堆一个大雪人，
并和它合影。

No.86

我永远相信，
我没有得到的东西，
对我来说一定不是最好的。

No.85

你听过的最酷的单身理由是什么？

卧榻之侧，岂容他人鼾睡。

No.86

举个例子说明一下“领导的意思有多难猜”。

你问：Yes or No？

领导回答：or。

No.87

小时候没兴趣班上，
长大了也没兴趣上班。

“别和我讲道理！”

No.88

月亮不够圆我都会生气，
你跟我讲道理？

No.87

什么支撑你还坚持上着现在这个班?

这周领导表现还行，先干着！

No.88

刷了两小时手机的你通常是怎样停下来的?

突然想起“我刚才要搜什么来着”。

No.89

当我一觉醒来，
感觉浑身舒爽，
我就知道，我睡过头了。

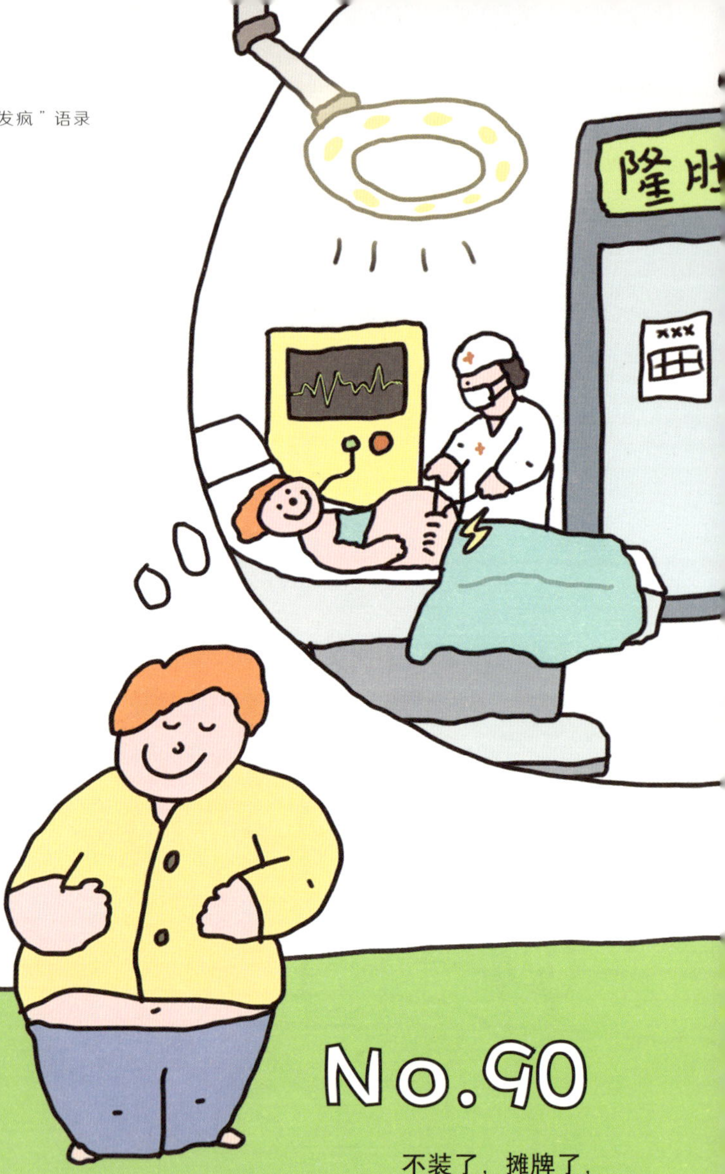

No.90

不装了，摊牌了，
我的肚腩是隆的。

No.89

如何形容一个人很瘦？

睡觉翻身的时候小心点，别把床给切了。

No.90

谁是你有史以来最喜欢的电玩游戏角色？

《俄罗斯方块》里的直长条。

—

学一个魔术，表演给亲朋好友看。

—

读儿童绘本，假装自己只有三岁，
假装好多字不认识，所以不停地问旁边的人：
“这个字怎么读？”

—

如果没有和父母一起住，就回家吃顿饭；
如果是和父母住，就今天不看手机，陪父母看电视。

—

写下最近的愿望或者记录最近的美梦。

—

翻大人以前的老照片，听他们讲故事。

39.

“看来我是真老了，不中用喽！”

“哪里，这分明是强将手下无弱兵。”

40.

“我最近脾气不太好。”

“你漂亮呀，烟花都是会炸的。”

41.

“我有时候挺自私的。”
“女王是不会把王冠给别人的。”

42.

我是一名侦探，
去年开始调查你，案子没破，
我的心不攻自破。

No.91

可爱之人必有可胖之处。

No.92

如果都去考研、考编、考公，
那谁来烤好吃的淀粉肠？

No.91

为什么猪八戒能拿五千零四十八斤的钉耙做兵器，
挑百十斤的担子却嫌沉？

你自己的东西，
和公司的东西能一样吗？

No.92

晨跑好，还是夜跑好？

看你想吃什么。

No.93

打工就像喝粥，吃不饱又饿不死，
关键还得慢慢熬。

今天开心和不开心
打了个平手，
希望明天开心会赢。

No.94

吃货最怕做“饿”梦。

No.93

为什么帅哥美女们总说自己没人追?

因为他们把丑的不当人。

No.94

**如果算命先生说你“将在自己的房子里孤独终老”,
你会怎么想?**

太好啦,
我会有自己的房子。

—

临摹汉堡包、冰激凌、蛋糕、甜甜圈。

—

尝试之前从来没有吃过的食物。

—

骑自行车轧马路，慢慢悠悠的，
假装自己是堂·吉诃德。

—

乘一条平时很少或者基本不乘的路线的公交车，
从起点到终点。

—

玩小时候玩过的跳房子、丢沙包、跳皮筋之类的游戏。

No.95

请不要偷偷地对我放电，
我这里有来电显示。

No.96

朋友说：“谢谢。”

我说：“没事儿，这是你该谢的。”

No.95

为什么去西藏的人都会感觉很治愈?

高原缺氧，脑子短路，
很多事儿想不起来，
就会感到很幸福。

No.96

我社牛，我男朋友社恐，
我一直不理解社恐在恐什么?

恐你们社牛。

No.97

喜欢我请眨一下眼睛，

不喜欢就把左脚放到右边肩膀上。

对于不喜欢的人，
敷衍都觉得是在浪费时间。

你以为我是奶油啊，
随随便便就能打发了？

No.98

今日人设：
天天喝奶茶、脾气不太好的那个女的。

No.97

你是如何看“能在床上躺一天”的舍友的？

躺在床上看。

No.98

从小养大的猫咪真的会把你当妈妈吗？

不一定，
我家的猫就觉得它是我爹。

No.99

**我给你留面子，
是希望你长脑子。**

No.100

念了几年书，
还是觉得幼儿园最好混。

No.99

你见过高水平的出租车司机有哪些神奇的驾驶技术？

在停车的一瞬间再多跳一块钱。

No.100

你身边发生过什么“黑吃黑”事件？

语文老师抢了数学老师的体育课。

43.

我说手里怎么多了双筷子，

原来是刷到我的菜了呀！

44.

你好，

你因为太可爱被逮捕了，

手伸出来，让我抓住。

45.

你真美，

我不是在夸你，我只是在提醒你。